AF314086

BIBLIOTHÈQUE SCIENTIFIQUE
DES ÉCOLES & DES FAMILLES

DIRECTEUR
GUSTAVE PHILIPPON
Docteur ès sciences

LES RAYONS X

PAR

L. MATOUT

GAUTIER, éditeur, 55 Quai des Gds Augustins, PARIS. | N° 57

8=Te7 497

HENRI GAUTIER, éditeur, 55, quai des Grands-Augustins — PARIS.

LIVRES DE RÉCRÉATION ET D'INSTRUCTION
A DIX ET QUINZE CENTIMES

NOUVELLE BIBLIOTHÈQUE POPULAIRE
A DIX CENTIMES
(Couronnée par l'Académie française)

Le volume : **Dix centimes.**

(Franco par la poste : 1 volume 15 centimes, 2 volumes 25 centimes.)

EXTRAIT DU CATALOGUE DES CINQ CENT TRENTE VOLUMES EN VENTE :

Regnard : Voyage en Laponie (1 vol.). — *Molière* : Le Misanthrope (1 vol.). — *Sainte-Beuve* : La Grande Mademoiselle (1 vol.). — *Guy de Maupassant* : Trois Contes (1 vol.). — *Jules Lemaître* : L'Imagier (1 vol.). — *La Fontaine* : Voyage à Limoges (1 vol.). — *Cyrano de Bergerac* : Histoires comiques de la Lune et du Soleil (1 vol.). — *Shakespeare* : Hamlet (1 vol.). — *Jules Michelet* : En Italie (1 vol.).

BIBLIOTHÈQUE
DE
SOUVENIRS ET RÉCITS MILITAIRES

(Honorée d'une souscription du Ministère de la Guerre)

Le volume : **Quinze centimes.**

(Franco par la poste : 1 volume 20 centimes, 2 volumes 35 centimes.)

Tous les volumes sont illustrés.

EXTRAIT DU CATALOGUE DES CENT QUATRE VOLUMES EN VENTE :

D'Ulm à Austerlitz, par le Général baron Thiébault (1 vol.). — *Sébastopol,* par S. M. I. Alexandre III (1 vol.). — *Iéna, Eylau, Friedland,* par le Général baron Lejeune (1 vol.). — *La Grande Armée en Russie,* par le Général Rapp (2 vol.). — *La bataille de Paris en 1814,* par Henry Houssaye (1 vol.). — *Sedan,* par le Commandant Rousset (1 vol.). — *Les Marins et les Corps francs en 1870-71,* par le Commandant Rousset (1 vol.) — *La Mort héroïque du Commandant Rivière,* par le lieutenant Duboc (1 vol.). — *L'Amiral Courbet en Extrême-Orient,* par le lieutenant Maurice Loir (1 vol.). — *Aux Grandes Manœuvres, notes d'un Réserviste,* par Paul Ginisty (1 vol.).

Le Catalogue complet de ces collections est envoyé gratis et franco à toute personne qui nous en fait la demande par lettre affranchie.

LES RAYONS X

PAR

L. MATOUT

INTRODUCTION

Il y a aujourd'hui un peu plus de 16 ans qu'un savant allemand, Röntgen, annonçait la découverte d'un nouveau rayonnement susceptible de traverser les corps opaques à la lumière, tout en étant lui-même *directement* invisible. La présence de ce nouveau rayonnement ne pouvait être décelée en effet qu'au moyen d'un phénomène intermédiaire, tel que son action sur les plaques photographiques, ou encore sa propriété de rendre lumineuses certaines substances phosphorescentes ou fluorescentes soumises à son influence.

Notre but est d'exposer le plus simplement possible, de façon à rendre accessible même aux personnes dont les occupations professionnelles sont très éloignées des choses de la physique, les conditions dans lesquelles se forment les rayons X, ainsi que les théories émises pour expliquer leur nature, et enfin les applications auxquelles leurs propriétés permettent de les utiliser.

La similitude des propriétés physiques des rayons X, et des rayons de Becquerel émis par les corps radioactifs (1), nous permettra quelques comparaisons grâce auxquelles nous pourrons faire, selon l'expression populaire, d'une pierre deux coups, en nous servant d'une propriété prépondérante de l'une des deux espèces pour mettre plus facilement en lumière une propriété correspondante chez l'autre, et par ce moyen tâcher de pénétrer la nature intime de ces nouvelles radiations dont la découverte a causé tant d'émoi et excité tant de curiosité dans le monde savant.

(1) Voir *Le Radium*, par L. Matout, *Bibliothèque Scientifique*, n° 85.

CONDITIONS DE PRODUCTION DES RAYONS X

Les rayons X s'obtiennent au moyen d'un appareil spécial, appelé de noms souvent très différents, mais qui caractérisent toujours ce même appareil dont quelques légers détails de forme varient quelquefois un peu, mais dont les organes sont toujours construits sur un principe absolument identique.

Cet appareil générateur se nomme tout simplement, le plus souvent, tube ou ampoule à rayons X. Certains le désignent sous les noms des auteurs des découvertes des principales propriétés de l'appareil ; on dit souvent ainsi, plus particulièrement dans les milieux où l'on fait des recherches de physique pure, des tubes de Crookes, des ampoules de Röntgen, etc. ; quoique quand on parle de tubes de Crookes il s'agisse le plus souvent de tubes destinés à l'observation des rayons cathodiques, qui, comme nous le verrons plus loin, non seulement accompagnent toujours les rayons X, mais sont même leurs générateurs directs.

L' « ampoule à rayons X », comme nous la nommerons définitivement, se compose en principe d'une *ampoule*, ou ballon de verre mince, dans lequel on a fait le vide jusqu'à ce que la pression intérieure des gaz restants atteigne seulement quelques *dix millièmes*, ou même quelques *cent millièmes de millimètres de mercure*.

A l'intérieur de cette ampoule pénètrent deux pièces métalliques soudées au verre au point où elles traversent la paroi, de façon à éviter toute introduction possible des gaz extérieurs une fois le vide obtenu. Ces pièces métalliques sont les *électrodes* ; l'une, destinée à être reliée au pôle positif (+) d'un générateur d'électricité à haute tension, s'appela *anode* ; l'autre, devant communiquer avec le pôle négatif (—), porte le nom de *cathode*.

Le générateur d'électricité, destiné à alimenter le courant dans l'ampoule, est, tantôt une bobine Ruhmkorff branchée sur une batterie d'accumulateurs, ou même sur un secteur électrique ; tantôt une machine statique à plusieurs plateaux. Nous verrons plus loin l'importance de la source électrique au point de vue de l'homogénéité du rayonnement.

Pour le moment, nous allons voir comment se prépare une ampoule à rayons X, et quelles sont les conditions nécessaires à assurer son bon fonctionnement.

Nous avons décrit le principe de construction de l'ampoule. La figure 1 nous montre le premier modèle, employé dès le début de la découverte. Ici nous voyons

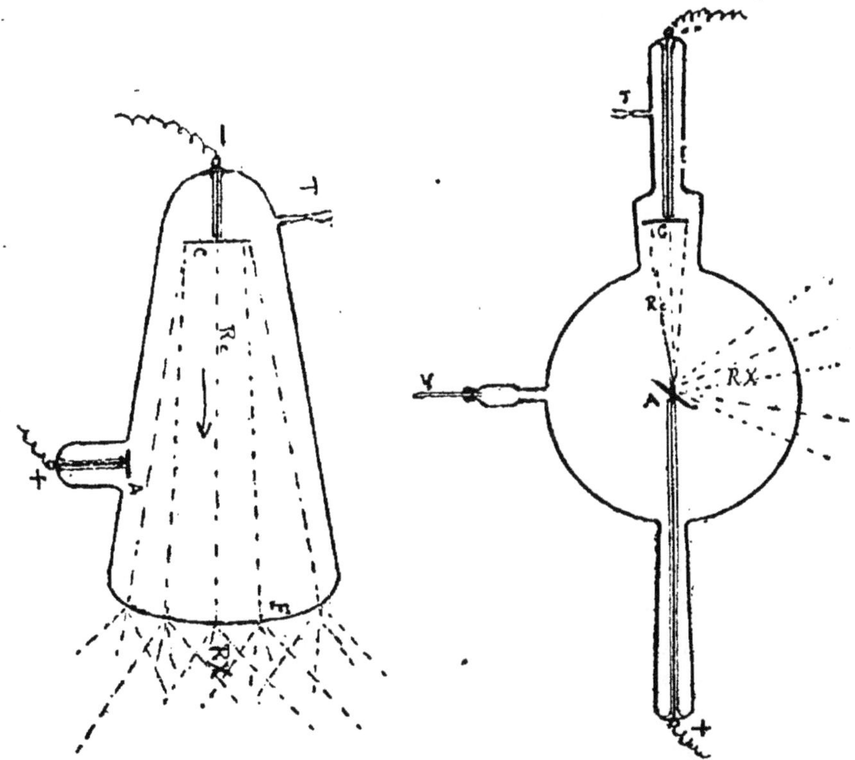

Fig. 1. — C, cathode; A, anode; T, petite tubulure servant à relier l'ampoule à la trompe à vide.

Fig. 2. — C, cathode; A, anode servant d'anticathode; D, osmo-régulateur (tube de platine servant au passage de l'hydrogène pour entrer ou sortir de l'ampoule.

Dans ces deux ampoules, les lignes pointillées indiquent : Rc, la propagation des rayons cathodiques, et RX, la propagation des Rayons X.

que la face de la cathode est tournée vers le fond du tube ; l'anode, beaucoup plus petite, est placée sur le côté dans une position quelconque.

Dans les ampoules modernes, en forme de ballon (fig. 2), la cathode est de forme concave, et l'anode est une lame de platine assez épaisse, placée au foyer du miroir formé par la concavité de la cathode. Cette anode, qui par sa position opposée à la cathode a été appelée « anticathode », est inclinée à 45° sur l'axe du tube. Sur le côté de l'ampoule se trouve une tubulure de verre à laquelle est soudée un petit tube de platine de 6 à 7 centimètres de long, d'environ 2 millimètres de diamètre, de 2 à 3 *dixièmes* de millimètre d'épaisseur de paroi, et fermé par soudure autogène à son extrémité. Ce petit organe, des plus indispensables malgré son peu d'importance apparente, se nomme l'*osmorégulateur* de Villard, du nom de son inventeur le distingué physicien membre de l'Institut.

VIDAGE D'UNE AMPOULE A RAYONS X

Prenons donc, pour suivre dans ses détails l'opération du vidage, les deux ampoules (1) et (2) que nous supposerons reliées sur une même pompe à mercure de façon à ce que les deux, pendant tout le cours de cette opération, se vident en même temps et avec la même progression. Nous supposerons également qu'un générateur électrique soit relié aux électrodes de ces ampoules et fonctionne pendant toute la durée du vidage. Observons alors ce que devient la décharge électrique dans l'ampoule ; les différents aspects qu'elle prend jusqu'au moment où le *degré de vide*, selon l'expression courante des laboratoires, est au point voulu pour obtenir l'émission de rayons X désirée.

Avant que le vide se fasse, l'intérieur de l'ampoule étant à la pression atmosphérique, la décharge électrique affecte la forme bien connue de l'étincelle sinueuse, éclatant entre la cathode et l'anode, comme elle éclate dans l'air ordinaire entre électrodes quelconques suffisamment rapprochées.

A mesure que la pompe fonctionne et que le vide s'opère, l'aspect de l'étincelle se modifie, son crépitement s'atténue, elle s'élargit, devient une sorte de cordon lumineux, souple, de couleur rose, sans les angles vifs de l'étincelle du début. Cette seconde forme est appelée communément la décharge en « chenille ».

Au moment où la « chenille » commence à augmenter de diamètre on peut observer un phénomène très caractéristique, qui se manifeste par une séparation entre le cordon lumineux et la cathode. En effet, la décharge primitive qui réunissait les électrodes par une ligne lumineuse allant de l'une à l'autre, part maintenant de l'anode, mais s'arrête à quelque distance de la cathode. Il naît entre l'extrémité du cordon lumineux et la cathode un espace, une sorte de coupure ; cette solution de continuité porte le nom d'*espace noir de Faraday*. On voit apparaître en même temps sur la cathode, en regard de l'extrémité de la *chenille*, une petite houppe lumineuse. Dans l'air raréfié cette houppe est bleuâtre pendant que la chenille est rose.

Continuons à vider et à observer. Trois phénomènes se précisent et s'accroissent simultanément :

D'abord la chenille continue à s'élargir. Il est à remarquer qu'elle est toujours *centrée* dans les ampoules, quelle que soit leur forme ; non pour obéir à la loi du plus court chemin entre les électrodes, mais parce qu'étant chargée positivement ainsi que les parois de l'ampoule, (ceci par un phénomène trop long à expliquer et qui n'a aucune importance dans le sujet présent), elle est toujours repoussée par elles, et se trouve de ce fait ramenée dans un axe de compensation où l'équilibre des répulsions est obtenu.

La chenille, disons-nous, s'élargit, devient une colonne lumineuse, la *colonne positive* comme l'appellent les physiciens ; puis arrive à emplir le tube d'une paroi à l'autre, mais en perdant sa netteté de contours ; c'est ce point de vide que l'on appelle communément le *vide de Giessler*.

L'espace noir de Faraday s'agrandit également, semble repousser devant lui la colonne positive, et finit par envahir le tube. Mais pendant ce temps la petite houppe bleuâtre a également fait son chemin ; elle s'est étendue et couvre toute la surface métallique de la cathode d'une mince couche lumineuse qui, elle aussi, à son tour s'épaissit et forme une gaine de lumière de plus en plus volumineuse.

A partir de ce moment l'aspect général de l'ampoule se modifie très vite : l'espace noir de Faraday envahit

tout le tube, et recule à son tour devant la gaine cathodique qui, elle aussi, emplit l'esp???e libre devant elle
d'une lueur très douce et très faible. Il n'y a donc plus
ni colonne positive ni espace noir de Faraday; mais on
peut remarquer qu'entre la gaine cathodique et la
cathode, il se forme une nouvelle zone obscure, comme
pendant la première phase de vide, cette zone est beaucoup plus régulière que l'espace noir de Faraday, elle
a en effet une épaisseur égale autour de tous les
points de la cathode.

Cette nouvelle zone se nomme l'*espace noir de
Crookes*. En accentuant encore le vide, la gaine cathodique, qui avait empli le tube, disparaît. L'espace noir
de Crookes a pris sa place, et presque subitement un
phénomène nouveau apparaît : on a obtenu à ce moment le *vide de Crookes*. Il ne se manifeste plus alors
aucun phénomène lumineux à *l'intérieur* de l'ampoule,
mais juste en face de la cathode la paroi de verre est
rendue vivement phosphorescente *par un rayonnement
venant de la cathode elle-même et se propageant en
ligne droite normalement à sa surface*. C'est ce nouveau
rayonnement qui, sous le nom de *rayons cathodiques*,
est lui-même le générateur *direct* des rayons X.

Tout corps solide placé dans une ampoule entre la
cathode et la paroi, forme ombre sur cette dernière.
C'est ainsi qu'avec des ampoules analogues à celle de
la figure 1, on a pu étudier sur la paroi du fond, opposée à la cathode, tous les phénomènes d'ombres, de
propagation en ligne droite, d'action déviante du
champ magnétique sur ces rayons. C'est ainsi que
Röntgen ayant enveloppé de papier noir une de ces
ampoules afin de ne pas être gêné dans ses observations pas la lueur de la phosphorescence du verre, vou-
lut voir si les rayons cathodiques sortaient en partie à
l'extérieur, et avaient une action sur le platino-cyanure
de baryum, sel très fluorescent. Il eut en effet une
excitation de cette fluorescence, mais ayant placé sa
main entre le fond du tube et un écran enduit de platino-cyanure, il aperçut *l'ombre des os plus accentuée
que l'ombre des chairs*. Il comprit immédiatement de
quelle nouvelle et admirable ressource disposeraient à

l'avenir la chirurgie et la médecine, en appliquant sa découverte à l'investigation de l'intérieur du corps humain.

On ne savait cependant pas comment se formaient les rayons provenant des premières ampoules. On crut d'abord qu'ils prenaient leur origine à la cathode même, et qu'ils étaient ensuite diffusés dans toutes les directions par leur passage au travers du verre. Cette opinion primitive était basée sur ce fait qu'ils étaient toujours émis des points où le verre des ampoules était rendu fluorescent par les rayons cathodiques. C'est ce même fait qui, disons-le en passant, devait inspirer à Henri Becquerel l'admirable découverte de la Radio-activité.

On dut vite cependant renoncer à cette supposition ; les rayons X manifestèrent des propriétés trop différentes de celles des rayons cathodiques pour qu'on pût longtemps leur attribuer une même nature. Comment admettre en effet que les rayons X, absolument insensibles à l'action des champs magnétiques les plus puissants, étaient les mêmes que ces rayons cathodiques, déviables par les aimants les plus faibles.

Une chose fondamentale restait cependant établie par l'expérience : *La formation des rayons X était due à l'arrêt brusque des rayons cathodiques par un corps solide.*

Nous savons donc maintenant comment se prépare une ampoule à rayons X. Quelles sont les phases par lesquelles on passe pour arriver au vide de Crookes, vide propre au fonctionnement de l'ampoule; et la façon dont se forment les rayons X. Il reste cependant à indiquer quelques perfectionnements apportés par la suite aux générateurs de ces rayons.

Dans l'ampoule n° 1, le fond tout entier étant frappé par le rayonnement cathodique, devenait donc source de rayons X sur toute sa surface, et de ce fait donnait des images floues et imprécises à l'écran.

Un perfectionnement s'imposait donc : réduire le champ d'émission. Pour cela, il fallait concentrer le rayonnement cathodique sur un point aussi petit que possible; on obtenait cet effet au moyen d'une cathode concave, mais le point du verre frappé s'échauffait et fondait immédiatement sous l'influence du rayonnement cathodique ainsi concentré.

C'est alors qu'on employa le système de *l'anticathode* que nous avons indiqué dans l'ampoule de la figure 2. L'anticathode, en platine, iridium, ou même en osmium, peut supporter une élévation de température très considérable sans subir d'altération; elle se prête à un régime d'émission autrement intense que celui obtenu dans les anciennes ampoules, et a l'avantage, fournissant une source de rayons presque ponctuelle, de donner des images radiographiques ou radioscopiques absolument nettes.

Le lecteur a certainement saisi que, quelle que soit la forme des ampoules employées, le mécanisme de l'émission est le même :

Dans l'ampoule n° 1, les rayons X sont émis par le fond de la paroi de verre recevant le flux de rayons cathodiques.

Dans l'ampoule n° 2, les rayons cathodiques sont concentrés par la cathode concave sur le milieu de l'anticathode, et ce point du milieu frappé par les rayons cathodiques devient à son tour source de rayons X qui s'irradient au dehors après avoir traversé la paroi du verre. On peut remarquer, en effet, dans ces dernières ampoules en état de fonctionnement, que le verre est rendu fluorescent par le *passage* des rayons X sur toute l'hémisphère coupée par le plan prolongé de l'anticathode, et du côté où cette dernière fait face à la cathode.

L'OSMO-RÉGULATEUR VILLARD

Maintenant que nous savons comment une ampoule à rayons X se prépare, il nous paraît utile d'indiquer comment on la maintient au degré de vide exigé pour un fonctionnement régulier et continu.

L'opération du vidage est en principe extrêmement simple, mais quand on veut faire fonctionner l'ampoule quelque temps on remarque qu'elle se remplit d'elle-même de gaz nouveaux qui manifestent leur présence par la réapparition de phénomènes lumineux à l'intérieur.

Les gaz qui reparaissent ainsi dans l'ampoule après vidage, sont émis par le métal des électrodes, et même par les parois de verre dans lesquelles ils sont *incrustés*. Le courant électrique, échauffant le tout, les fait se dégager dans l'espace libre. Il faut donc, dans la pratique, pour vider convenablement une ampoule à rayons X, la chauffer en dessous, et très prudemment, par un réchaud à gaz, et en même temps faire passer continuellement le courant pour constater que des gaz ne se dégagent plus. Cette constatation se fait par un simple examen de la constance du régime d'émission des rayons X qui rendent le verre lumineux sur leur passage, et en s'assurant qu'il n'y a plus de gaz lumineux dans l'intérieur de l'ampoule.

Une ampoule ainsi vidée, *purgée*, selon l'expression des constructeurs, peut être séparée de la pompe à vide en fondant au chalumeau le raccord de verre qui la relie à cette dernière. Nous avons donc ainsi notre appareil prêt à servir.

Cependant avec l'ampoule ainsi préparée et purgée, un nouvel inconvénient ne tarde pas à se manifester : les électrodes réabsorbent de nouveau les traces de gaz restant; traces infinitésimales, mais nécessaires au passage du courant et à l'émission de rayons. La décharge électrique arrive à refuser complètement de passer à l'intérieur, et une étincelle même peut éclater dans l'air autour du tube, entre les points où les électrodes pénètrent le verre. Dans ce cas, il est nécessaire de réintroduire du gaz dans l'ampoule. Comment ?

C'est ce problème, si important, et qui, au début, semblait un des plus sérieux obstacles à la production régulière des rayons X, qui a été résolu par M. Pierre Villard.

Comme le dit ce savant, « c'est un *robinet* qu'il faudrait aux ampoules pour pouvoir augmenter ou diminuer à volonté la densité de gaz nécessaire au fonctionnement voulu ».

Pour réaliser ce « robinet », il utilisa la propriété bien connue du platine de laisser passer faiblement l'hydrogène lorsqu'il est chauffé au rouge. Il souda sur des ampoules les petits tubes de platine que nous avons décrits plus haut sous le nom d'*osmo-régulateurs*, et put constater que la simple flamme d'un bec Bunsen, mise au contact de l'osmo-régulateur, suffisait pour introduire la quantité d'hydrogène nécessaire dans l'ampoule, l'hydrogène dissocié du gaz d'éclairage traversant la mince paroi de platine chauffé au rouge.

Il peut cependant arriver que par inadvertance on laisse trop longtemps la flamme en contact avec le tube de platine et qu'ainsi on introduise trop de gaz dans l'ampoule.

Dans ce cas, contraire du premier, on chauffe encore l'osmo-régulateur, mais en l'entourant d'un manchon métallique de façon à ne pas laisser la flamme en contact direct avec le platine; alors le trop-plein d'hydrogène sort lentement de l'ampoule. Cette dernière opération est plus lente que la première mais réussit toujours parfaitement.

Dans les deux cas, on règle la durée de chauffe de l'osmo, à la vue, par aspect de la décharge dans l'ampoule.

PROPRIÉTÉS DES RAYONS X

Nous ne parlerons pas des propriétés des rayons cathodiques, générateurs des rayons X; ces rayons sont des *électrons* ayant acquis une certaine vitesse dépendant du champ électrique moteur créé par la décharge à la cathode. À la vitesse près, ces propriétés sont les mêmes que celles des rayons β du radium dont nous avons parlé dans un ouvrage similaire avec lequel il n'y a pas lieu de faire double emploi (1). Quant aux rayons X leurs propriétés sont les mêmes que celles des rayons γ des substances radioactives : ils *ionisent* les gaz, c'est-à-dire les rendent conducteurs de l'électricité; ainsi un électroscope ne peut rester chargé dans l'air au voisinage d'une ampoule à rayons X en marche. Leur trajectoire est rectiligne comme celle de toutes les radiations connues soustraites à toute action exté-

(1) *Le Radium et la Radioactivité*, même collection, n° 82.

rieure; seulement la lumière peut être déviée de sa trajectoire par un prisme, l'onde hertzienne également;
les rayons β, cathodiques, ou α, peuvent être déviés
par l'action d'un champ magnétique ou électrique. Les
rayons X, comme les rayons γ, sont insensibles à ces
actions, ce qui les distingue complètement des autres
radiations connues.

Pour en tirer des applications pratiques, on utilise
leurs propriétés suivantes :

1° De traverser les corps opaques à la lumière; ces
corps les absorbant d'autant plus (pour une même
épaisseur) qu'ils sont d'une plus grande densité.
Hâtons-nous de dire, pour ne pas créer de confusions
regrettables, que la question de transparence des corps
pour les rayons X n'a aucun lien de commun avec celle
de transparence pour la lumière. Qu'un corps soit
transparent ou non à la lumière, cela ne le rend ni
plus ni moins transparent aux rayons X. Ainsi le verre,
qui est plus dense que le bois, est moins transparent
aux rayons X que ce dernier, mais il l'est plus que le
plomb par exemple qui est plus dense que lui. Cependant le verre est transparent à la lumière;

2° D'impressionner les plaques photographiques et
de produire des actions chimiques diverses ;

3° D'exciter la fluorescence de certaines substances,
et en particulier des platino-cyanures et du tungstate
de chaux ;

4° De produire des actions physiologiques.

Il y a enfin une propriété spéciale des rayons X,
découverte par M. Sagnac, et sur laquelle nous ne
passerons que pour mémoire, car elle ne se prête à
aucune utilisation pratique ; c'est de provoquer, à la
surface des corps qu'ils frappent, une émission de
rayons particuliers, vite diffusés dans l'air, et très peu
pénétrants. On les nomme rayons secondaires, ou
rayons de Sagnac; leurs propriétés, ainsi que l'a montré
l'auteur de leur découverte, sont les mêmes que celles
des rayons cathodiques de très faible vitesse. L'émission de rayons secondaires par les corps est d'autant
plus intense qu'ils sont plus denses.

UTILISATION DES RAYONS X POUR L'OBSERVATION AU TRAVERS DES CORPS OPAQUES

Nous avons dit que les rayons X traversent d'autant plus facilement la matière, (opaque ou non à la lumière), que celle-ci est moins dense. Un faisceau de rayons *parallèles* (1), ou, comme dans la pratique, émanés d'une source ponctuelle, passant au travers d'une masse quelconque formée de matières différentes, aura donc subi un affaiblissement après avoir traversé cette masse ; mais, homogène avant l'entrée, le faisceau ne le sera plus à la sortie, il sera plus affaibli dans les régions qui auront traversé les parties les plus denses ou les plus épaisses de la masse. Si donc nous le recevions sur un écran, il donnerait sur cet écran une *ombre graduée* proportionnellement à la quantité de rayons absorbés dans les diverses régions de la masse. Supposons qu'au lieu de rayons X nous ayons un faisceau de lumière se projetant sur un écran blanc, et que nous placions sur le trajet de la lumière une image formée d'un verre plus ou moins *fumé* à diverses places, ou, mieux encore, un cliché photographique ; nous aurons sur l'écran une « ombre chinoise » nous révélant tous les détails de l'objet, verre fumé ou cliché. Dans le cas de la lumière la différence de transparence des points de l'objet, dont on veut avoir l'image par l'ombre, joue le même rôle pour l'obtention de cette image que la différence d'épaisseur ou de densité dans le cas des rayons X.

Il est donc facile de comprendre comment on se sert des rayons X pour observer l'intérieur d'un corps humain par exemple. On produit un faisceau de rayons au moyen d'une ampoule, on met le corps devant et on regarde l'ombre sur l'écran ; les os, plus denses que la chair, absorbent davantage les rayons, on a donc d'abord l'*ombre* du squelette, puis, plus claires, les diverses parties charnues plus ou moins estompées suivant leur épaisseur aux points traversés par le rayonnement.

(1) Conditions nécessaires pour obtenir des *ombres nettes*, sans pénombre.

Mais, direz-vous, — il y a en effet un « mais », très grave — les rayons X ne se voient pas, alors en réalité nous ne verrons rien sur l'écran.

En effet, si cet écran est quelconque ; mais, souvenez-vous que les rayons X rendent phosphorescentes certaines substances, le platino-cyanure de baryum en particulier est très sensible à leur action.

Nous aurons donc, pour observer notre « ombre », un écran enduit sur toute sa surface d'une couche homogène de ce platino-cyanure de baryum, qui, devenant lumineux par phosphorescence, accusera les détails de l'ombre avec toutes ses gradations, les différentes régions frappées par les rayons étant d'autant plus lumineuses que ceux-ci auront été moins absorbés sur leur trajet.

C'est donc le procédé employé partout pour les observations rapides. Le platino-cyanure de baryum est jusqu'ici le *révélateur instantané* le plus puissant des rayons X, et les écrans formés avec cette substance portent le nom d' « écrans radioscopiques ».

Pour la facilité des observations, la disposition du système est ainsi ordonnancée :

D'abord on place l'ampoule de façon à orienter le faisceau de rayons horizontalement, et à la hauteur la plus commode pour l'observateur ; ensuite on place l'objet à examiner entre l'ampoule et l'écran, puis on examine les détails de l'ombre de l'objet ainsi projeté sur l'écran. Seulement ce dernier est retourné de façon à présenter sa face lumineuse du côté opposé à l'objet, ce qui laisse plus de place libre aux observateurs. La trame de l'écran supportant la couche de matière fluorescente est faite d'un bristol mince ou d'une feuille de papier noir assez résistante, et tendue sur un cadre de bois léger, n'opposant qu'une opacité presque nulle au passage du rayonnement ; les images fluorescentes ne sont donc nullement affaiblies par cet obstacle insignifiant. Ce mode d'observation est comparable à celui employé pour les projections lumineuses sur écrans transparents, comme dans les projections cinématographiques par exemple, où les spectateurs sont placés d'un côté de l'écran et la lampe de projection de l'autre.

Lorsqu'au lieu d'une observation rapide, on désire obtenir un document étudiable à loisir, on remplace l'écran radioscopique par une plaque photographique que l'on développe ensuite comme une plaque ou un cliché de photographie ordinaire.

Il va de soi que les observations *radioscopiques* ne peuvent être réalisées qu'en chambre noire, les détails de l'image fluorescente étant trop faibles pour être visibles en plein jour. Au contraire, quand il s'agit d'épreuves *radiographiques* on peut opérer dans n'importe quelles conditions. Il suffit au préalable d'envelopper les plaques sensibles dans une feuille de papier noir qui les protège suffisamment contre la lumière ambiante tout en laissant passer totalement les rayons X.

En somme, que l'on emploie la méthode radioscopique ou la méthode radiographique, on ne peut observer que des *ombres portées*; toute méthode optique étant naturellement inapplicable à un rayonnement qui ne suit aucune des lois de l'optique ordinaire, hors sa propagation rectiligne.

L'emploi des rayons X pour les observations chirurgicales est aujourd'hui répandu partout; les ambulances militaires, les hôpitaux, possèdent des installations de radiologie très complètes, et grâce auxquelles le chirurgien peut déterminer immédiatement la place d'une fracture, sa nature et sa gravité (fig. 3). De même pour l'extraction d'un projectile d'arme à feu (fig. 4 et 5), d'une aiguille dans les chairs, d'un objet introduit accidentellement dans le tube digestif, etc., l'opérateur saura tout de suite où aller chercher le corps du délit qui accusera sa place exacte dans l'organisme, sur la plaque ou l'écran lumineux.

La radiologie est donc extrêmement répandue aujourd'hui, et complète l'étude des méthodes opératoires en chirurgie. Mais à côté de la radiologie s'est établie une science médicale nouvelle : la *radiothérapie*.

Au cours des nombreux travaux et recherches exécutés sur les rayons X, on eut à déplorer d'assez nombreux, et malheureusement quelquefois mortels, accidents physiologiques, dus le plus souvent à l'insouciance des savants qui, au cours de leurs expériences, séjournaient trop longtemps et trop souvent dans des zones soumises à l'influence du rayonnement. Tel est le cas de l'ingénieur bien connu, Radiguet, qui paya de sa vie le résultat de ses travaux. M. F. Ducretet,

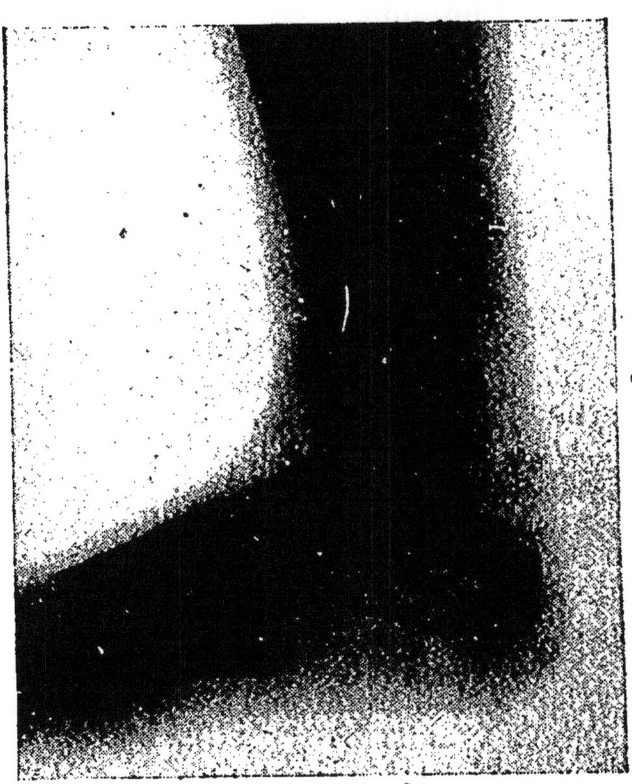

Fig. 3. — Radiographie d'une jambe, montrant une fracture du péroné, au-dessus de la cheville.

l'ingénieur-constructeur, à qui nous devons les radiographies qui illustrent cet ouvrage, fut lui-même assez gravement atteint à la suite de ses recherches sur les rayons X.

APPLICATIONS MÉDICALES

Les accidents dus aux rayons X suggérèrent à de nombreux savants l'idée de rechercher si ces actions physiologiques, dûment dosées et mesurées, ne pourraient être employées en certains cas comme procédés curatifs ; c'est-à-dire si les rayons X ne pouvaient constituer un nouvel agent thérapeutique utilisable. Les premiers essais eurent lieu sur des animaux : cobayes, rats, souris, etc. Puis, les méthodes de dosage du rayonnement se précisant, on commença de timides essais sur l'homme.

Aujourd'hui la radiothérapie, ou, pour préciser, la *Röntgenothérapie* (1), a fait ses preuves et conquis droit de cité. Le service de radiothérapie, fondé et dirigé par le docteur Béclère à l'hôpital Saint-Antoine, possède un véritable et des plus instructif musée de reproductions anatomiques parfaites, reproduisant en cire colorée les processus des guérisons des cas les plus frappants d'horribles affections de la peau, ou même des parties profondes du corps, réalisées par l'illustre maître dans son service.

Les rayons X, disons-nous, ont fait leurs preuves comme agent thérapeutique ; indépendamment des services qu'ils rendent à la chirurgie comme moyen d'exploration du corps humain, ce qui est une utilisation d'un autre ordre, et toute différente de la première. Mais, comme chaque fois que la science apporte à l'humanité un nouveau moyen de soulager quelques-unes de ses misères, on fut tenté de considérer ce nouvel agent physique comme une panacée universelle ; il en fut de même du radium par la suite. Il est donc nécessaire de remettre les choses au point.

Le champ d'applications des rayons X est limité, et pour les employer il faut des praticiens éclairés, ayant, à côté des études médicales courantes, étudié spécialement la technique physique de production, de dosage et d'analyse de ces rayons, sous peine de produire les accidents les plus graves ; beaucoup plus graves certainement que ceux provenant de l'emploi des substances radioactives dont le rayonnement, rigoureusement constant, n'est plus, une fois mesuré, qu'à doser au moyen des deux facteurs, temps et distance, les plus faciles à déterminer.

(1) Le terme *radiothérapie* signifie un peu plus généralement thérapeutique des radiations : lumière (photothérapie), radium (radiumthérapie), et également rayons X (Röntgenothérapie).

Nous disions que le champ d'applications des rayons X est limité ; on les emploie le plus souvent en effet pour les affections pseudo-cancéreuses superficielles, dites généralement lymphadénomes, dans certains cas de leucémie, pour le traitement de la teigne à l'hôpital Saint-Louis. De nombreux cas d'eczéma exsudatif ont

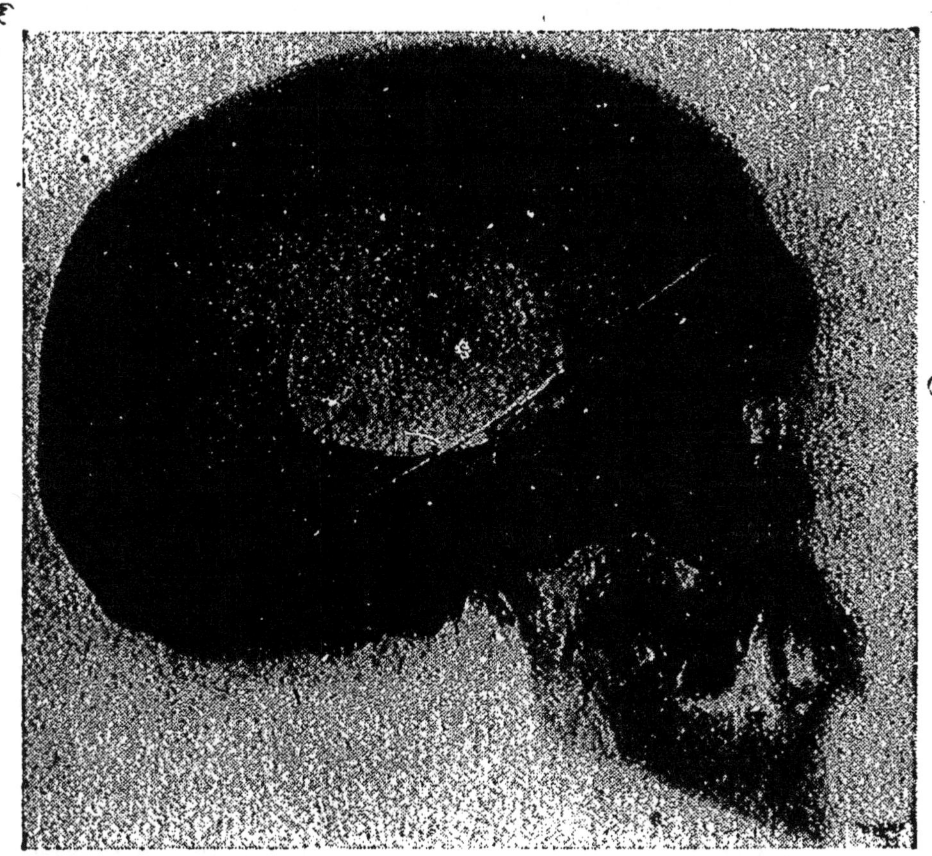

Fig. 4. — Radiographie d'un crâne dans lequel sont logées quatre chevrotines.

cédé à quelques applications de rayons X, de même des lupus de la face et en général les affections se traduisant par une désorganisation des tissus cutanés ou même musculaires.

Malgré tout, quelque limité que soit leur emploi, on voit que la somme des maux qu'ils peuvent guérir ou même améliorer est suffisante pour considérer la découverte de Röntgen comme un bienfait du plus haut prix.

Il faut même ajouter que les quelques cas signalés ci-dessus ne sont certainement qu'une partie de ceux qui sont justiciables des rayons X, et je mériterais l'anathème des médecins spécialistes en ne reconnaissant pas spontanément que cette brève énumération n'est limitée que par mes non moins brèves connaissances en matière médicale sur la question. Les personnes qui ont eu la bonne fortune de lire le livre du Dr J. Belot, ouvrage de technique médicale radiologique, récompensé par l'Institut, s'en rendront aisément compte. Nous reprendrons donc, ce qui est le véritable but de cet ouvrage, l'examen de la partie purement physique.

VARIATION DES PROPRIÉTÉS PÉNÉTRANTES DES RAYONS X.

Si les rayons X obtenus en faisant varier quelques-unes des conditions de leur émission (voltage ou degré de vide des ampoules) sont *toujours de même nature*, il est une de leurs propriétés que l'on peut modifier dans des limites assez larges : c'est leur *pénétration*.

Il arrive en effet quelquefois que l'on ait à observer ce qui se passe, tantôt à l'intérieur d'un membre, tantôt dans le tronc même d'un individu. Dans le premier cas, les rayons n'ayant qu'une faible épaisseur de matière à traverser, étant peu affaiblis à leur sortie, n'ont pas besoin d'une extrême pénétration pour arriver jusqu'à l'écran après avoir traversé un bras ou une main par exemple. S'il s'agit au contraire d'un torso d'adulte, le même rayonnement, beaucoup plus absorbé, n'arrivera à l'écran radioscopique ou à la plaque photographique que trop affaibli pour donner une image détaillée ou visible. Il est donc utile, en chaque cas, de modifier le rayonnement en lui donnant la *pénétration* appropriée à chaque usage.

Or les propriétés pénétrantes des rayons X au travers de la matière dépendent des quelques conditions que nous allons exposer dans leur ordre :

Si nous prenons, comme nous l'avons indiqué au début, une ampoule à rayons X en train de se vider, il arrive un moment, avons-nous dit, où la décharge électrique n'illumine plus les gaz raréfiés restant à l'intérieur; c'est le vide cathodique *faible*, celui où les rayons X *commencent* à apparaître. A ce moment on a, selon l'expression courante des radiologistes, un *tube mou*, donnant les rayons cathodiques *les moins rapides* et les rayons X *les moins pénétrants*.

Continuons à faire le vide, nous observons que paral-

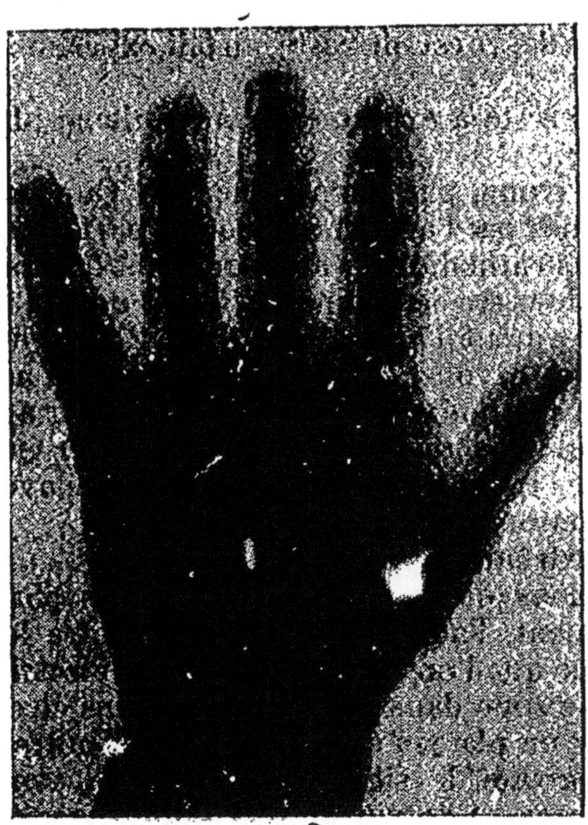

Fig. 5. — Radiographie d'une main ayant reçu une balle de revolver qui est indiquée par son ombre plus foncée près du bord externe.

lèlement, les rayons cathodiques deviennent de plus en plus rapides et les rayons X de plus en plus pénétrants; cette augmentation des propriétés des deux rayonnements continue jusqu'au moment extrême où le vide étant trop avancé le courant électrique refuse de passer dans l'ampoule et où, de ce fait, toute émission de rayons cesse. Les tubes à émission de rayons très pénétrants se nomment vulgairement *tubes durs*.

On voit donc que la pénétration des rayons X dépend directement de la vitesse des rayons cathodiques qui leur donnent naissance, et que la vitesse de ces derniers dépend à son tour du degré de vide ou, terme plus correct, du degré de raréfaction des gaz de l'ampoule.

Ceci nous permet de rapprocher ces constatations extrêmes et de dire : plus un tube est vide (ou dur) plus il émet des rayons pénétrants; cette déduction au deuxième degré est, du reste, un fait expérimental rigoureux.

Il nous reste à expliquer le mécanisme physique de ce fait :

Nous savons, par l'expérience : 1° Que les rayons X sont formés par l'arrêt brusque des particules formant les rayons cathodiques; arrêt qui peut être produit par la paroi de verre de l'ampoule (fig. 1) ou par la lame de platine formant l'anticathode (fig. 2); 2° Que la *pénétration* des rayons X dépend de la *vitesse* acquise par les rayons cathodiques au moment de leur arrêt.

Le problème revient donc à expliquer pourquoi la vitesse des rayons cathodiques augmente avec le degré de raréfaction des ampoules.

C'est extrêmement simple.

Supposons deux plateaux métalliques chargés, l'un positivement, l'autre négativement. Entre les deux, il existera ce que l'on nomme un champ électrique, c'est-à-dire une zone dans laquelle tout corps électrisé sera attiré par un plateau et repoussé par l'autre ou inversement suivant le signe de sa charge, avec d'autant plus de force et de vitesse que les charges électriques des plateaux et du corps lui-même seront plus fortes.

Dans le cas qui nous occupe, les deux plateaux chargés sont la cathode (—) et l'anticathode (+), le corps électrisé est l'*électron* ou corpuscule cathodique, qui, portant sa charge négative, se détache de la cathode, acquiert dans le champ électrique une certaine vitesse, se précipite sur l'anticathode avec cette vitesse acquise. L'électron cathodique étant une entité constante, sa vitesse ne dépend donc que du champ électrique entre l'anode et la cathode.

Nous avons donc encore rapproché le problème, qui

est ramené à cet énoncé : pourquoi dans les tubes les plus « vides » les charges électriques (*ou la différence de potentiel*) entre la cathode et l'anode ou anticathode, sont-elles plus fortes ?

Tout simplement parce que la résistance électrique des ampoules *augmente* avec le degré de raréfaction des gaz, et qu'en vertu de la loi des circuits électriques, *la différence de potentiel*, ou voltage, si l'on préfère ce terme courant, *croît, entre deux points de ce circuit, proportionnellement à la résistance existant entre ces mêmes points.*

Résumons donc :

Plus on augmente le vide dans une ampoule, plus on augmente sa résistance électrique.

Plus on augmente cette résistance, plus la différence de potentiel, et par conséquent le champ électrique moteur des rayons cathodiques, augmentent.

Plus on augmente le champ moteur, plus la vitesse des rayons cathodiques devient grande.

Enfin plus la vitesse des rayons cathodiques est grande plus les rayons X sont pénétrants.

Mais le lecteur doit être q .lque peu fatigué de ces monotones théories, passo..s donc à l'exposé des moyens de régler pratiquement la pénétration des rayons X.

RÉGLAGE DES AMPOULES

D'après ce que nous venons d'exposer, et ne tenant compte que du fait expérimental de l'augmentation de pénétration des rayons X en fonction du degré de vide, nous voyons donc que le moyen direct à employer pour obtenir des rayons d'une pénétration déterminée consiste à amener l'ampoule au degré de vide correspondant.

Pour cela on se sert simplement de l'*osmo-régulateur* Villard. Si l'ampoule est trop *dure* on chauffe directement l'osmo-régulateur avec la flamme du bec Bunsen ; comme nous l'avons indiqué plus haut, l'hydrogène de la flamme, en contact avec le petit tube de platine chauffé au rouge, entre dans l'ampoule, et celle-ci devenant moins résistante donne des rayons moins pénétrants.

Si, au contraire, l'ampoule est trop *molle*, on chauffe encore l'osmo-régulateur, mais en évitant de le mettre en contact direct avec la flamme. Pour cela on entoure le petit tube de platine d'une feuille de nickel roulée, et l'hydrogène sort de l'ampoule. On pousse l'opération jusqu'au point désiré.

Il reste maintenant à déterminer ce « point ». Comment l'opérateur peut-il savoir s'il a retiré, ou ajouté, assez d'hydrogène dans l'ampoule (suivant qu'il veut *durcir* ou *amollir* cette dernière) ?

Il y a pour cela deux moyens, l'un empirique, l'autre donnant directement une mesure de la pénétration des rayons que l'on veut obtenir.

Le premier consiste à constater directement, quoique d'une façon assez approximative, la différence de potentiel aux électrodes de l'ampoule. Cette différence de potentiel est donnée par ce que l'on appelle communément l' « étincelle équivalente ».

Pour obtenir l'*étincelle équivalente* d'une ampoule on relie, *en dérivation* avec cette ampoule, les électrodes d'un excitateur à pointes, et on lance le courant dans le système ainsi disposé. Si les pointes de l'excitateur sont trop rapprochées, l'étincelle éclate entre elles dans l'atmosphère ambiante. Si au contraire elles sont trop éloignées, le courant passe dans l'ampoule, car le courant passe toujours, naturellement, dans le circuit de moindre résistance.

Dans le premier cas, on éloigne l'une de l'autre les pointes, dans l'autre on les rapproche ; et dans l'un comme dans l'autre on les amène à une distance telle que le courant se partage dans les deux circuits et passe *indifféremment*, entre les pointes de l'excitateur et dans l'ampoule à rayons X.

Ce point, où les résistances électriques de l'intérieur de l'ampoule et de l'air atmosphérique entre les pointes de l'excitateur sont égales, donne *l'étincelle équivalente* cherchée.

On comprend donc que : plus l'étincelle équivalente

d'une ampoule est grande, plus les rayons de l'ampoule sont pénétrants.

Il est donc d'usage de relier d'une façon permanente les ampoules à rayons X avec l'excitateur à étincelles.

Le Dr Béclère, dans son service de radiologie et de radiothéraphie, a installé à chaque ampoule un dispositif auquel il a donné le nom de *spinthermètre*, et qui consiste en un excitateur dont une pointe est fixe sur un support, et l'autre, se mouvant horizontalement en face de la première, porte un curseur se déplaçant sur une échelle graduée indiquant avec une grande précision la longueur de l'étincelle équivalente par la distance de « l'entre-pointes » ainsi mesurée.

Nous avons dit que cette détermination de l'étincelle équivalente donne la résistance du tube, ou, ce qui revient au même, la différence de potentiel entre les électrodes : on sait en effet que *pour produire une étincelle d'une longueur déterminée dans l'air ambiant, et entre pointes* métalliques, *il faut une différence de potentiel correspondante*.

La longueur de l'étincelle, c'est-à-dire la distance entre les pointes de l'excitateur, donne donc une mesure du voltage. Il y a il est vrai de petites variations dues à l'état hygrométrique de l'atmosphère ou à la pression barométrique ; mais, dans la pratique, ces variations sont absolument négligeables.

Il est même inutile pour le radiologiste de connaître *la valeur en chiffres* de la différetlce de potentiel correspondante, pour le tube et l'étincelle équivalente, à une étincelle de longueur donnée. Ce qu'il lui importe de savoir exactement, c'est la pénétration correspondant à la longueur de son étincelle.

Cela il l'obtient d'une façon, peut-être un peu empirique, mais en tout cas plus que satisfaisante pour le but proposé.

La nature du générateur d'électricité alimentant le tube peut avoir également une influence sur son fonctionnement, suivant qu'il fournit du courant continu ou alternatif ; nous reparlerons du reste plus loin de ce sujet. Nous voulons seulement dire que les propriétés pénétrantes de *chaque tube* doivent être étalonnées en fonction des étincelles équivalentes correspondantes, et que ces données ne doivent servir que pour le même tube, dans les mêmes conditions de marche, car malgré que les ampoules paraissent absolument semblables, il peut exister entre elles de petites différences de construction, inappréciables à la vue, mais suffisantes pour différencier leurs régimes électriques.

Donc, pour connaître la pénétration des rayons X d'une ampoule, on envoie un flux de rayons sur une plaque photographique sur laquelle est placé un petit appareil appelé le « radiochromomètre » Benoist.

Ce petit appareil est un simple disque d'aluminium de quelques centimètres (5 ou 6) de diamètre, et divisé en douze secteurs de surfaces égales, mais dont les épaisseurs vont en augmentant d'un millimètre de l'un au suivant. Le premier secteur a un millimètre d'épaisseur, le douzième a donc 12 millimètres.

Le centre de l'appareil est évidé et remplacé par un disque d'argent de $0^{mm},11$ d'épaisseur.

Quand l'opérateur a *radiographié* son radiochromomètre, et mesuré l'étincelle équivalente du tube pendant cette opération, il n'a plus qu'à observer l'image obtenue, et voici comment :

Les secteurs du disque, d'inégale épaisseur, ont donné des impressions plus ou moins fortes suivant qu'ils ont moins ou plus laissé passer le rayonnement. On a donc une image des secteurs en échelle d'intensité croissante, dans le sens où leur épaisseur diminue. On cherche alors celui dont l'intensité de teinte est la même que celle obtenue au travers du disque d'argent du centre. Supposons par exemple que ce soit le secteur n° 5; on en conclut que les rayons observés sont les rayons n° 5 du radiochromomètre Benoist, ou qu'ils sont du cinquième degré de pénétration.

Pour connaître d'une façon complète son ampoule, on la fait fonctionner ainsi sous tous ses régimes de vide en notant chaque fois l'étincelle équivalente au spintermètre. Par la suite, la connaissance de l'étincelle équivalente seule, beaucoup plus rapide à déterminer, suffit pour savoir empiriquement à quels rayons on a affaire.

Le radiochromomètre Benoist est fondé sur ce principe que : si l'on prend deux métaux de poids atomiques différents, c'est-à-dire inégalement transparents aux rayons X, le *rapport des transparences* de ces deux métaux varie avec le pouvoir pénétrant des rayons qui les traversent. Ainsi dans l'appareil de M. Benoist, l'aluminium est 1/0,11 fois plus transparent que l'argent pour les rayons n° 1 et 12/0,11 ou 1200/11 fois plus pour les rayons n° 12.

Les unités de pénétration indiquées au radiochromomètre Benoist sont reconnues et admises dans la pratique radiologique courante.

DOSAGE DES RAYONS EN QUANTITÉ

Une autre mesure, extrêmement importante en radiothérapie, est celle de la *quantité* de radiation absorbée par un malade. En effet, en radiothérapie on emploie des doses, c'est-à-dire qu'on soumet le patient à des durées d'exposition au rayonnement, autrement longues que lorsqu'il s'agit d'obtenir de simples radiographies ou d'observer à l'écran radioscopique un organe quelconque. Et souvent, entre le temps d'exposition nécessaire pour le traitement, et le temps qu'il faut pour produire un accident physiologique, l'écart n'est pas très grand.

Dès le début de la radiothérapie cette grave question fut résolue par le Dr G. Holzknecht de Vienne, au moyen d'une échelle radiochromique, dont le principe est basé sur la coloration de plus en plus foncée, que prennent certaines compositions chimiques, quand on les soumet un temps de plus en plus prolongé à l'action des rayons X.

Le produit employé par le Dr Holzknecht est d'une couleur vert très pâle, presque incolore, quand il n'a subi aucune action. Au bout d'un certain temps d'exposition, il commence à se foncer, et continue jusqu'à une teinte extrême qu'il ne dépasse plus. Cette action ne peut donc s'employer que dans les limites où des variations de teintes sont encore observables et correspondent à des données d'une approximation assez serrée.

Dans le commerce spécial des appareils de radiologie on trouve le produit du Dr Holzknecht sous forme de pastilles circulaires d'environ 1 cm. 1/2 de diamètre, accompagnées d'une échelle de teintes réparties en une dizaine d'échelons gradués du plus clair au plus foncé.

Quand il s'agit de doser une quantité de rayons sur un malade, on place à côté de la partie irradiée du corps, à la même distance de l'ampoule, une des pastilles; puis on attend que celle-ci prenne la teinte correspondante au degré marqué sur l'échelle des teintes pour cette quantité, et l'on arrête.

L'échelle radiochromique comprend une dizaine de teintes, la variation de nuance de l'une quelconque à la suivante correspond à une même somme de rayons, et cette somme de rayons, que l'on prend souvent comme unité de *quantité*, a reçu le nom d'unité H, ou plus simplement encore, d'H. On entend fréquemment un radiologiste dire à un confrère: tel malade a absorbé 4 H ou 8 H de rayons X.

Il existe une autre méthode de mesure des rayons X, basée sur le même principe, et inventée par le Dr Sabouraud.

Les échelles radiochromiques ont rendu de grands services à la radiologie médicale, et cependant, quoique jusqu'ici elles aient constitué le meilleur et le plus sûr procédé de mesure, la précision qu'elles offrent est loin d'être grande.

A première vue, il semble que la simple mesure du courant passant dans l'ampoule, ou même simplement de sa durée de fonctionnement sous un régime donné, doivent fournir des données beaucoup plus précises qu'une appréciation de teintes assez vagues et très peu différentes l'une de l'autre. C'est ce que les premiers radiologistes ont cru. Dès les débuts de l'étude des rayons X on a pensé, avec beaucoup de vraisemblance il faut le dire, qu'un tube marchant deux heures, devait produire une action double de celle que le même tube devait donner marchant une heure sous le même régime.

Il a fallu déchanter de cette croyance, car rien n'est plus irrégulier, en dépit de l'aspect, que le fonctionnement d'une ampoule. Il y a les déperditions électriques extérieures, qui, malgré les précautions d'isolement, varient continuellement en vertu du haut voltage nécessaire. De plus, pour bien des causes encore inconnues, les propriétés émissives de l'ampoule elle-même peuvent varier dans des limites trop étendues pour que

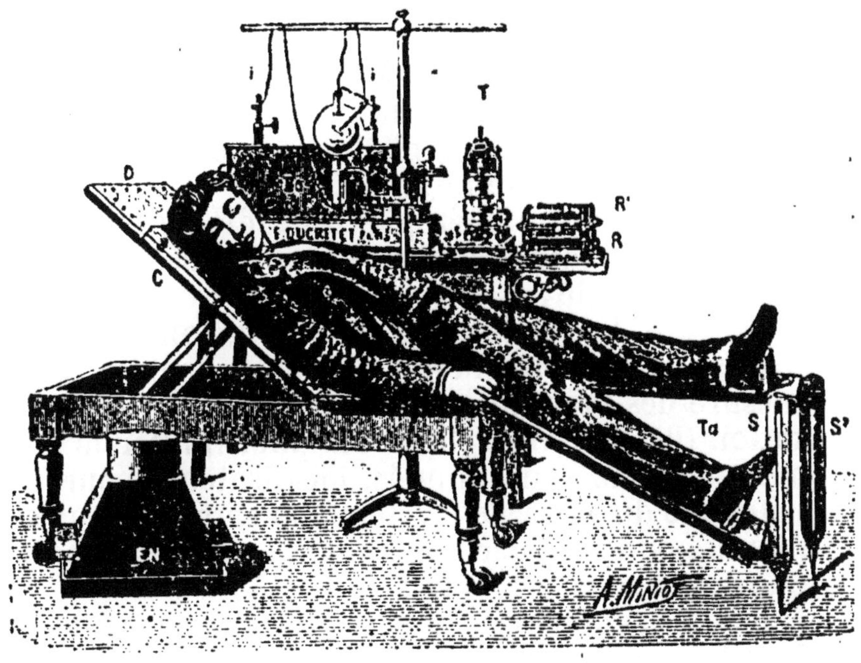

Fig. 6. — Installation radiographique permettant d'observer un crâne ou un thorax. L'ampoule est placée au-dessus de la poitrine du sujet ; la plaque photographique, enveloppée de papier opaque à la lumière, est placé sous ses épaules et sa tête. Sur une table, à côté, les accessoires producteurs du courant alimentant l'ampoule.

la constance de cette émission puisse servir de base à une mesure au moyen du temps.

La méthode la plus exacte de dosage, consisterait à employer une action *physique*, déterminée *directement* par le rayonnement, et facilement mesurable.

C'est ce qu'a réalisé M. Pierre Villard au moyen d'un appareil totalisant sur un cadran divisé une charge électrostatique provenant du courant de saturation dans un gaz ionisé par les rayons X. Ce procédé est extrêmement précis, mais un appareil de ce genre est très délicat et ne peut être employé avec succès que par des praticiens exercés ; aussi n'est-il pas encore d'un usage courant.

MATÉRIEL DE RADIOLOGIE.

D'après ce que nous venons d'exposer, il est facile de résumer en quoi se réduisent les appareils strictement nécessaires à la production et à l'emploi des rayons X.

1° Un générateur d'électricité ;

2° L'ampoule à rayons X ;

3° L'écran radioscopique ;

4° Le laboratoire de photographie pour la préparation des épreuves radiographiques ;

5° Pour la radiothérapie, les radiochromomètres et les échelles radiochromiques, dont nous n'avons plus à parler, du reste ;

6° Tous les petits appareils accessoires : supports d'ampoules, volts-mètres, ampères-mètres pour la mesure des courants, supports d'écrans, tables d'opération (fig. 6), lames de plomb pour limiter le faisceau autour d'une zone donnée, localisateurs pour limiter l'étendue du faisceau ; vêtements en étoffe aux sels de plomb pour protéger l'opérateur contre l'action continue des rayons, etc., etc.

Parmi ces appareils, un certain nombre sont d'usage facultatif, et peuvent varier dans leur forme suivant la fantaisie ou les commodités particulières de celui qui les emploie. Nous ne passerons donc en revue que ceux qui sont d'utilité première, ou exigent des qualités physiques fondamentales.

D'abord, le *générateur d'électricité*.

Cet appareil doit pouvoir fournir de façon continue un courant de un à plusieurs *milli-ampères*, sous un voltage très élevé (environ de 50.000 à 100.000 volts). On le trouve dans l'industrie électrique sous deux formes : les transformateurs à haut voltage et les machines statiques.

Les transformateurs de voltage sont bien connus; ce sont habituellement deux bobines concentriques sur lesquelles sont enroulés des circuits formés d'un grand nombre de tours de fil de cuivre isolé par une couche de coton ou de soie. Dans l'axe commun des bobines se trouve un noyau de fer doux destiné à renforcer le phénomène d'induction sur lequel est basé le fonctionnement de l'appareil.

Le circuit intérieur, formé d'un fil gros et court, reçoit le courant, dit courant primaire, de grande intensité et de bas voltage. Le circuit extérieur, ou secondaire, est au contraire formé d'un fil d'autant plus long et fin que l'on veut obtenir un voltage plus élevé.

En vertu des lois de l'induction, chaque fois que l'on établit ou rompt le courant primaire, il se forme dans le secondaire un courant d'abord inverse, puis de même sens que ledit courant primaire, mais dont les caractéristiques, voltage et intensité, sont modifiées de telle façon que, les voltages des deux circuits soient à peu près proportionnels à leurs nombres de tours respectifs d'enroulement, et les intensités soient au contraire inversement proportionnelles à ces mêmes voltages. On a donc, ainsi que nous le disions plus haut, transformé le courant d'une batterie d'accumulateurs par exemple, de quelques volts et quelques dizaines d'ampère, en courant de l'ordre du milli-ampère et de plusieurs milliers de volts.

Evidemment les quantités d'énergie électrique passant dans les deux circuits sont à peu près « équivalentes » (sauf la perte due naturellement à la transformation), la forme distributive est seulement modifiée pour son adaptation à une destination spéciale.

Les transformateurs de courant peuvent s'employer pour transformer directement le courant alternatif d'un secteur électrique ; à chaque phase du courant primaire correspond une phase du secondaire ; le courant transformé a donc ainsi même période que le courant primaire et constitue un courant changeant de signe à chaque période.

Un tel courant passant dans une ampoule à rayons X passerait donc alternativement dans les deux sens, ce qui aurait le grave inconvénient de soumettre l'ampoule à un régime anormal capable de la détériorer rapidement.

Avec un transformateur de ce genre il est donc indispensable de supprimer une des phases du courant ; celle qui amènerait un flux positif à la cathode.

On se sert pour cela d'une ampoule supplémentaire, introduite dans le circuit, et qui a la propriété de ne laisser passer le courant que dans le sens où l'on veut, suivant la façon dont on l'oriente par rapport au courant.

Cette ampoule, qui, du nom de son inventeur, porte le nom de *soupape de Villard*, est un réservoir de verre en forme de poire contenant deux électrodes, dont l'une, en forme de spirale de grande dimension sert de cathode, et l'autre, l'anode, est toute petite et logée dans la partie étranglée d'un tube prolongeant une des extrémités de la poire de verre.

Un autre transformateur, le plus employé, est certainement très connu de nos lecteurs : c'est la classique bobine de Ruhmkorff dont la description est inutile.

Avec la bobine de Ruhmkorff, dont le courant de rupture est d'un voltage extrêmement plus élevé que le courant d'établissement, on pourrait à la rigueur se passer de soupape de Villard, cependant, et surtout quand on emploie un tube mou, de faible résistance, il est préférable d'y avoir recours.

Mais de tous les générateurs, le plus parfait pour sa constance et sa régularité, est la machine statique à plateaux d'ébonite ou de verre, dont le type classique est la machine de Holtz, modifiée et perfectionnée, que l'on trouve chez tous les bons constructeurs sous le nom de machine de Wimshurst. Avec elle, pas de sautes de voltage dues à la forme sinusoïdale du courant, le rayonnement qu'elles servent à produire est rigoureusement homogène et ne peut causer aucune déception dans les résultats escomptés.

LES AMPOULES

Le principe de construction des ampoules est toujours le même, celui que nous avons décrit à la figure 2 du début, seules les dimensions du réservoir de verre ou des électrodes peuvent varier suivant la puissance que l'on veut leur donner.

Quand on veut pousser cette puissance à son extrême limite, on fixe l'anticathode à l'extrémité d'un tube de platine d'un ou deux centimètres de diamètre et communiquant avec l'extérieur. La lame anticathode est soudée sur le tube de façon à ne compromettre en aucune façon l'étanchéité de l'ampoule.

Chaque fois que l'on demande à cette dernière de subir un régime particulièrement énergique, on fait passer dans le tube de platine un courant d'eau qui empêche l'anticathode de rougir, ou même de fondre, sous l'influence du flux cathodique qui dégage une chaleur considérable.

L'*écran radioscopique* est également, d'une façon générale, formé d'une feuille de bristol mince, tendue sur un cadre de bois, et enduite d'une couche de platinocyanure de baryum en très petits cristaux. Cette couche fluorescente est maintenue le plus souvent par un enrobage de celluloïd dissous dans un solvant formé d'acétone et d'acétate d'amyle en parties égales. Pour protéger cette couche de substance fragile et délicate on la protège, du côté de l'observateur, par une glace transparente qui ne gêne en rien les observations. Ces écrans se font en toutes dimensions.

Quant au laboratoire de photographie, il est plus simple que celui du photographe ordinaire, car il n'y a à faire en radiographie que des développements de plaques, ou des tirages de positifs au châssis-presse, chose banale et courante.

Enfin il y a les petits bibelots accessoires, que chaque opérateur emploie selon la nature de ses travaux. Ils sont donc facultatifs. Néanmoins il en est dont l'usage doit être général ; ce sont ceux destinés à éviter les accidents qui pourraient résulter du séjour continu de l'opérateur dans le milieu saturé de rayons.

En première ligne, parmi ces objets, doivent figurer les « localisateurs ». Comme leur nom l'indique, ces appareils sont destinés à localiser le faisceau de rayons à l'endroit où leur action est utilisée. Ils se composent en général d'un globe de verre épais ou de métal, s'ouvrant en deux parties et emprisonnant l'ampoule, de façon à intercepter les rayons qu'elle émet dans toutes les directions, sauf cependant dans une direction déterminée, face à l'anticathode. L'une des hémisphères porte donc dans la dite direction une ouverture que l'on peut modifier par un diaphragme approprié, et destinée à ne laisser passer qu'un cône de rayons déterminé. Sauf dans la région de ce cône, les personnes voisines de l'ampoule sont donc protégées contre les actions nocives de l'émission. Il arrive souvent cependant qu'une localisation complète est difficile, par exemple lorsqu'on examine des thorax ou même le squelette entier d'un individu devant des écrans radioscopiques de dimensions considérables. Dans de semblables cas le faisceau « déborde » tout autour de l'écran sur les opérateurs voisins qui après une pratique un peu prolongée de ces observations, peuvent finir par être atteints de radiodermites ou même d'accidents cancéreux. Les accidents de ce genre sont encore plus fréquents chez les constructeurs d'ampoules, qui, lors de leur mise au point, en font fonctionner par douzaines dans leurs ateliers, et ne craignent souvent pas, imprudence quelquefois grave, de tourner sans cesse autour afin de les observer pendant cette opération. Plusieurs ont été rendus prudents par les premières atteintes, mais d'autres sont allés quelquefois jusqu'à un point qui a nécessité des interventions chirurgicales.

Ce qu'il y a de particulièrement dangereux dans les lésions causées par les rayons X, chose indispensable à savoir, c'est que *toute action de ces rayons sur un organisme cause un commencement de lésion qui ne se répare pas avec le temps.* Ainsi supposons que 6 heures d'exposition soient nécessaires pour produire une lésion physiologique déterminée. Eh bien, cette lésion sera également produite par une exposition pendant les 6 h. *consécutives*, ou par six expositions d'une heure, à raison d'une heure par semaine pendant six semaines. Ainsi pendant l'intervalle de repos, rien ne s'est remis, le mal a été absorbé, attendant un complément de dose pour apparaître brutalement, alors que la victime, rassurée par une immunité apparente, se croyait en sécurité, d'autant plus qu'aucune sensation physique n'accompagne l'action des rayons X.

Il y a cependant des moyens préventifs contre ces accidents, ce sont des étoffes spéciales, dans lesquelles se trouvent incorporés des *mastics* à base de sels de plomb, et formant des obstacles suffisants pour intercepter les rayons, même les plus pénétrants. Malgré cela il y a encore des imprudents qui par insouciance attendent le fatal avertissement avant de se soumettre aux règles de la plus élémentaire prudence.

Comme on peut s'en rendre compte, le métier de radiologiste n'est pas sans aléas ; heureusement que les progrès réalisés de jour en jour dans cette science en révèlent davantage les dangers, et permettent de prendre en conséquence des mesures de sécurité de plus en plus efficaces.

NATURE DES RAYONS X

Nous avons indiqué dans quelles conditions se formaient les rayons X, mais nous n'avons encore rien dit au sujet de leur nature : Est-elle corpusculaire comme pour les rayons cathodiques ? Est-elle une vibration de l'éther comme la lumière ou les ondes hertziennes ?

Tel est le problème qui se pose, et quoi qu'il ne soit pas résolu malgré les efforts tentés dans ce sens par les plus grands physiciens actuels, nous allons néanmoins présenter les quelques arguments qui nous semblent militer en faveur de la plus vraisemblable des deux théories, celle qui attribue les rayons X à une vibration de l'éther.

Si les rayons X ne semblent pas de nature corpusculaire, c'est d'abord parce qu'ils sont plus pénétrants que les rayons cathodiques, les rayons canaux, les rayons β (1), les rayons α (2). De plus, ces rayons corpusculaires portent tous des charges électriques, soit positives, soit négatives, et sont par conséquent déviables par un champ magnétique alors que les rayons X sont insensibles à cette influence. Certains auteurs ont dit il est vrai que les rayons X pouvaient être de nature corpusculaire sans porter de charge électrique, à condition d'être formés de corpuscules dont chacun serait formé de deux corpuscules de charges

(1) Voir le *Radium*, même collection, n° 85.
(2) *Ibid.*

électriques contraires se neutralisant, ce qui expliquerait l'insensibilité de ces corpuscules neutres, au champ magnétique. Mais ils seraient bien complexes ces éléments neutres, pour être doués d'une telle pénétration de la matière.

Dans la théorie d'une vibration de l'éther on suppose au contraire que, le corpuscule cathodique au moment de son arrêt brusque sur un obstacle, (l'anticathode), produit dans l'éther environnant une perturbation, un choc, produisant, non une vibration périodique comme dans la lumière, mais un ébranlement sans aucun caractère de périodicité, ce qui explique la non réfrangibilité de ces rayons.

Prenons, pour mieux faire saisir notre pensée, une comparaison matérielle, celle du son par exemple, et supposons que par un moyen quelconque, on mette une cloche en vibration. Cette vibration sera *périodique*, *comme une vibration lumineuse*, elle fera vibrer à l'unisson d'autres cloches ayant une même période.

Supposons au contraire, qu'au lieu de la mettre en vibration, on tire dessus un projectile qui la perce ou la fracasse; elle ne transmet plus à l'air environnant sa vibration périodique, elle ne lui transmet qu'un choc, un *bruit*, sans période aucune. L'électron arrêté ainsi brusquement produirait cette perturbation, ce bruit de l'éther si l'on peut s'exprimer ainsi, et que son manque de périodicité empêche de suivre les lois attribuées aux radiations lumineuses.

Les théories sur la nature des rayons X sont applicables également aux rayons γ des corps radioactifs, qui sont exactement doués des mêmes propriétés.

Dans ce que nous venons d'exprimer, il ne faut pas attribuer au terme « choc de l'électron » le sens matériel que nous lui prêtons pour fixer les idées simplement. Ce n'est pas le choc de ces corpuscules cathodiques contre le métal de l'anticathode qui produirait un ébranlement de l'éther; c'est l'arrêt seul de la charge électrique du corpuscule qui cause cet ébranlement. La matière et l'éther sont absolument indépendants dans leurs mouvements, et l'électron serait arrêté autrement que par une cause matérielle, l'effet serait le même. La matière n'est donc présente que comme agent *secondaire* de l'effet. La preuve en est, nous allons le voir, dans ce détail, que les rayons γ du radium se produisent *au départ* et non à l'arrêt de l'électron (rayon β).

Les théories électromagnétiques les plus récentes indiquent que toute perturbation de l'éther est due à un brusque changement de vitesse d'une masse électrisée, soit à l'arrêt soit au départ. C'est la rapidité seule de la transition entre l'arrêt et la marche, ou la marche et l'arrêt, qui règle la force de cette perturbation.

Or, prenons les rayons cathodiques : ils produisent leur perturbation (ou rayon X) non au départ de la cathode, mais au point où ils sont arrêtés. Pourquoi ?

C'est parce qu'au départ de la cathode leur vitesse ne s'accroît que progressivement dans le champ électrique moteur, et que cette vitesse met un temps relativement grand avant d'avoir acquis son régime final. Il n'y a donc pas de perturbation brusque au départ.

Au contraire, ils arrivent avec toute leur vitesse sur l'anticathode ou la paroi de l'ampoule, et sont arrêtés net, *vu leur faible pénétration.* Il y a perturbation brusque et émission.

Prenons maintenant les rayons β (1) du radium : Au moment où l'électron quitte la molécule, il *possède déjà toute sa vitesse,* cette vitesse est donc *acquise instantanément*; il y a brusque changement de vitesse. Or, le rayon γ, identique au rayon X, *est émis du lieu même où a lieu le départ de l'électron.*

Voyons maintenant ce qui se produit à l'endroit où le rayon β est arrêté par un obstacle matériel, comme son semblable le rayon cathodique par l'anticathode, s'y produit-il une émission de rayons X ou γ ? Non.

Pourquoi ?

Parce que, quoique de même nature que les rayons cathodiques, les rayons β sont animés de vitesses beaucoup plus considérables et sont, par conséquent, extrêmement plus pénétrants. Ils ne sont donc *pas arrêtés brusquement* par la matière. Cet arrêt n'a lieu que

(1) On sait que les rayons β sont formés de corpuscules identiques à ceux qui constituent les rayons cathodiques; ce sont également des électrons.

lorsque le corpuscule a traversé une épaisseur assez considérable de matière, épaisseur dans laquelle sa vitesse s'est *amortie* progressivement sans choc brusque, et de la même façon que dans l'opération opposée, l'électron prend son départ à partir de la cathode.

Il semble que ces dernières constatations soient un des arguments les plus forts en faveur de la théorie attribuant la nature des rayons X à un ébranlement de l'éther. Les manifestations de ce « mécanisme » concordent trop bien avec les théories électromagnétiques pour qu'on ne soit tenté d'en faire le rapprochement.

Quoi qu'il en soit, n'oublions pas que ce ne sont que des théories, c'est-à-dire les résultats d'efforts. imaginatifs pour donner à des phénomènes dont la nature intime échappe aux faibles moyens de nos sens, une interprétation figurative, aussi conforme que possible aux lois de la Science.

Les photographies reproduites dans cet ouvrage, nous ont été communiquées par MM. Ducretet et Roger, constructeurs d'instrument pour les Sciences, 75, rue Claude-Bernard, Paris.

ANGERS. — IMPRIMERIE A. BURDIN ET Cie, 4, RUE GARNIER.

HENRI GAUTIER, éditeur, 55, quai des Grands-Augustins — PARIS.

LIVRES DE RÉCRÉATION ET D'INSTRUCTION

à DIX et QUINZE centimes

(Suite)

RÉCITS DES GRANDS JOURS DE L'HISTOIRE

Le volume QUINZE centimes

(Franco par la poste : 1 volume 20 centimes, 2 volumes 35 centimes.)

Tous les volumes sont illustrés.

EXTRAIT DU CATALOGUE DES CINQUANTE-DEUX VOLUMES EN VENTE :

Deux Étapes du retour de l'île d'Elbe, par HENRY HOUSSAYE (1 vol.).
La Machine infernale de Fieschi, par MAXIME DU CAMP (1 vol.).
La Banque de la Rue Quincampoix, d'après SAINT-SIMON, DUCLOS, etc. (1 vol.).
La Révolution de 1848, d'après un récit de M. THIERS (1 vol.).

Le Catalogue complet de ces collections est envoyé gratis et franco à toute personne qui nous en fait la demande par lettre affranchie.

BIBLIOTHÈQUE

DES PETITES SOURCES DE RICHESSE

Le volume relié : 1 franc (Franco 1 fr. 20)

VOLUMES EN VENTE :

L'élevage du Lapin (1 vol.).
Le poulailler pratique (1 vol.).
Les Abeilles et la Ruche (1 vol.).
Les produits de la Laiterie (1 vol.).
Le Jardin fruitier et le Verger (1 vol.).
l'élevage du Pigeon (1 vol.).

Le Porc et ses produits (1 vol.).
Dindon, Pintade, Oie et Canard (1 vol.).
La Culture potagère (1 vol.).
Le Petit Domaine (1 vol.).
Le Médecin des animaux (1 vol.).

Adresser les commandes, accompagnées du montant en mandat-poste ou timbres français, à M. Henri GAUTIER, éditeur, 55, quai des Grands-Augustins, Paris.

BIBLIOTHÈQUE SCIENTIFIQUE DES ÉCOLES ET DES FAMILL[ES]

CHEZ TOUS LES LIBRAIRES
MARCHANDS DE JOURNAUX
ET DANS LES GARES
LE VOLUME : 15 CENTIMES

Franco par la poste en s'adressant à
M. Henri GAUTIER, Éditeur,
55, quai des Grands-Augustins, Paris
Un volume : 20 centimes
2 vol. : 35 centimes ; 25 vol. : 4 francs

VOLUMES EN VENTE

1. La Photographie, par A. et L. Lumière.
2. Les Fourmis, par H. Mercanneau.
3. Les Travaux de M. Pasteur, par Gustave Philippon.
4. Les Parfums, par H. Coupin.
5. Neige et Glaciers, par G. Vallin.
6. Lavoisier, par H. Mercanneau.
7. Les Ballons, par Louis Cornet.
8. Sucres, Sucrerie et Raffinerie, par A. Hébert.
9. Les Animaux travailleurs, par Victor Meunier.
10. Les Plantes vénéneuses, par L. Hocée.
11. La Soie, soie naturelle, soie artificielle, par H. Mercanneau.
12. Les Impôts sous l'ancien Régime, par L. Prévaudeau.
13. La Photographie, développement et tirage, par A. et L. Lumière.
14. Le Collectionneur d'insectes, par Henri Coupin.
15. L'Éclairage électrique, par E. Dumont.
16. L'Industrie de l'alcool, par A. Hébert.
17. Les Microbes de l'air, par R. Cambier.
18. La Fièvre, par le Dr Garban de Balsan.
19. Le Diamant, par H. Mercanneau.
20. La Céramique et la Verrerie à travers les âges, par Ch. Quilliard.
21. Hygiène du Chauffage et de l'Éclairage, par N. Grehant.
22. Les Impôts depuis la Révolution, par L. Prévaudeau.
23. Les Pierres tombées du ciel, par Stanislas Meunier.
24. Le Soleil, par Charles Martin.
25. Le Croup, par le Dr Lesage.
26. Les Travaux d'Edison, par E. Dumont.
27. Les Voitures sans chevaux, par Louis Cornet.
28. Îles et Récifs madréporiques, par Edmond Perrier, de l'Institut.
29. La Chimie de la table, par X. Rocques.
30. L'Or, par H. Mercanneau.
31. La Poste aérienne à travers les âges, par Ch. Sibillot.
32. Les Étoiles, par Ch. Martin.
33. Le Surmenage moderne et la Neurasthénie, par le Dr Azreos.
34. Le Fer, par R. Jarnaux.
35. L'Allaitement, par le Dr Ponar.
36. Les Eaux de table, par le Dr Laumonier.
37. Les Engrais chimiques, par E. Roux.
38. Les Vers parasites de l'homme, par Chatin.
39. Le Vin, par A. Hébert.
40. Le Pigeon messager, par Ch. Sibillot.
41. Les Cyclones, par L. Besson.
42. L'Hygiène de la Table, par X. Rocques.
43. Cyclisme et Cyclistes, par H. de Graffigny.
44. Le Ciel, par Charles Martin.
45. Les Éléments de la Céramique et de la Verrerie, par Ch. Quilliard.
46. Les Tremblements de Terre, par Victor Meunier.
47. Les Pierres précieuses, par P. Gaubert.
48. L'Hygiène de l'Habitation, par le Dr Laumonier.
49. La Navigation à voiles et à vapeur, par Michel-Jules Verne.
50. Perles et Pêcheries, par H. Mercanneau.
51. Les Cures d'Eaux, par le Dr J. Laumonier.
52. Les Bains de Mer, par le Dr J. Laumonier.
53. Un Fléau social, l'Alcoolisme, par le Dr Leurain.
54. La Planète Mars, par C. Flammarion.
55. Maladies et Moyens de Défense, par le Dr A. Demmler.
56. Le Sel, par M. Ansaldur.
57. Les Rayons X, par Paul Philippon.
58. Le Cuir, par M. Lamay.
59. Les Continents disparus, par H. Gotz.
60. L'Alimentation des Plantes, leur nourriture, par E. Roux.
61. La Photographie positive sur verre et les projections lumineuses, par G. Philippon.
62. Les Poisons minéraux, par E. Tassilly.
63. La Mécanique du Cœur, par Ch. Contejean.
64. La Race bovine, par M. Raccani.
65. Le Fond de la mer, par J. Girard.
66. La Culture Maraîchère, par E.-A. Spoll.
67. La Mosaïque, par E. Laurencin.
68. Les Habitants des Mers anciennes, par Gudon.
69. La Peste, par le Dr Laumonier.
70. La Bière, par A. Hébert.
71. Le Sang, par le Dr Azreos.
72. Les Poules, par E.-A. Spoll.
73. Traitement de la Phtisie pulmonaire, par le Dr Lamay.
74. Les Volcans, par Ch. Martin.
75. La Vigne, Sa culture, Ses maladies, par E.-A. Spoll.
76. Les Remèdes nouveaux, par L. Duclos.
77. La Galvanoplastie, par H. Mercanneau.
78. La Fabrication des Poteries, par Ch. Quilliard.
79. Le Photographe amateur en voyage, par G. Philippon.
80. Les Abeilles, par Ch. Martin.
81. Les Poisons organiques, par E. Tassilly.
82. Le Soufre et l'acide sulfurique, par H. Anzandaux.
83. Les Nids, par Charles Martin.
84. (En préparation.)
85. Le Radium, par L. Matout.
86. La Photographie des Couleurs, par A. de Vaulabelle.
87. L'Aviation, par le Cdt Renard.
88. Les Aéroplanes, par le Cdt Renard.

Angers. — Imp. A. Burdin et Cie, 4, rue Garnier.